ANCIENS VIGNOBLES

DE LA NORMANDIE.

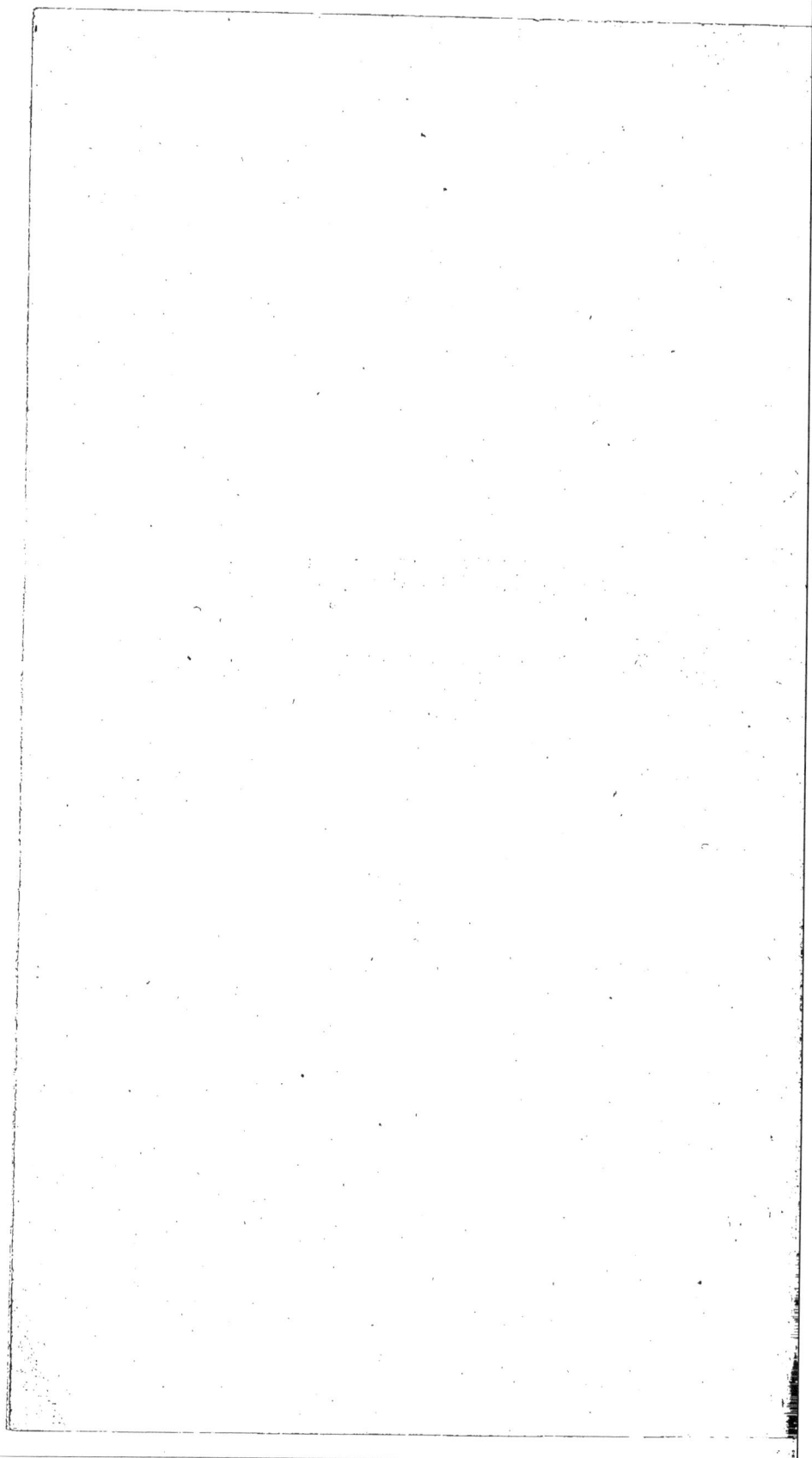

LES ANCIENS VIGNOBLES

DE LA

NORMANDIE,

PAR M. L'ABBÉ COCHET,

CORRESPONDANT DE L'INSTITUT,

Inspecteur des Monuments historiques et religieux de la Seine-Inférieure.

C.

ROUEN,

IMPRIMERIE DE H. BOISSEL, SUCCʳ. DE A. PERON,

Rue de la Vicomté, 55.

—

MDCCCLXVI.

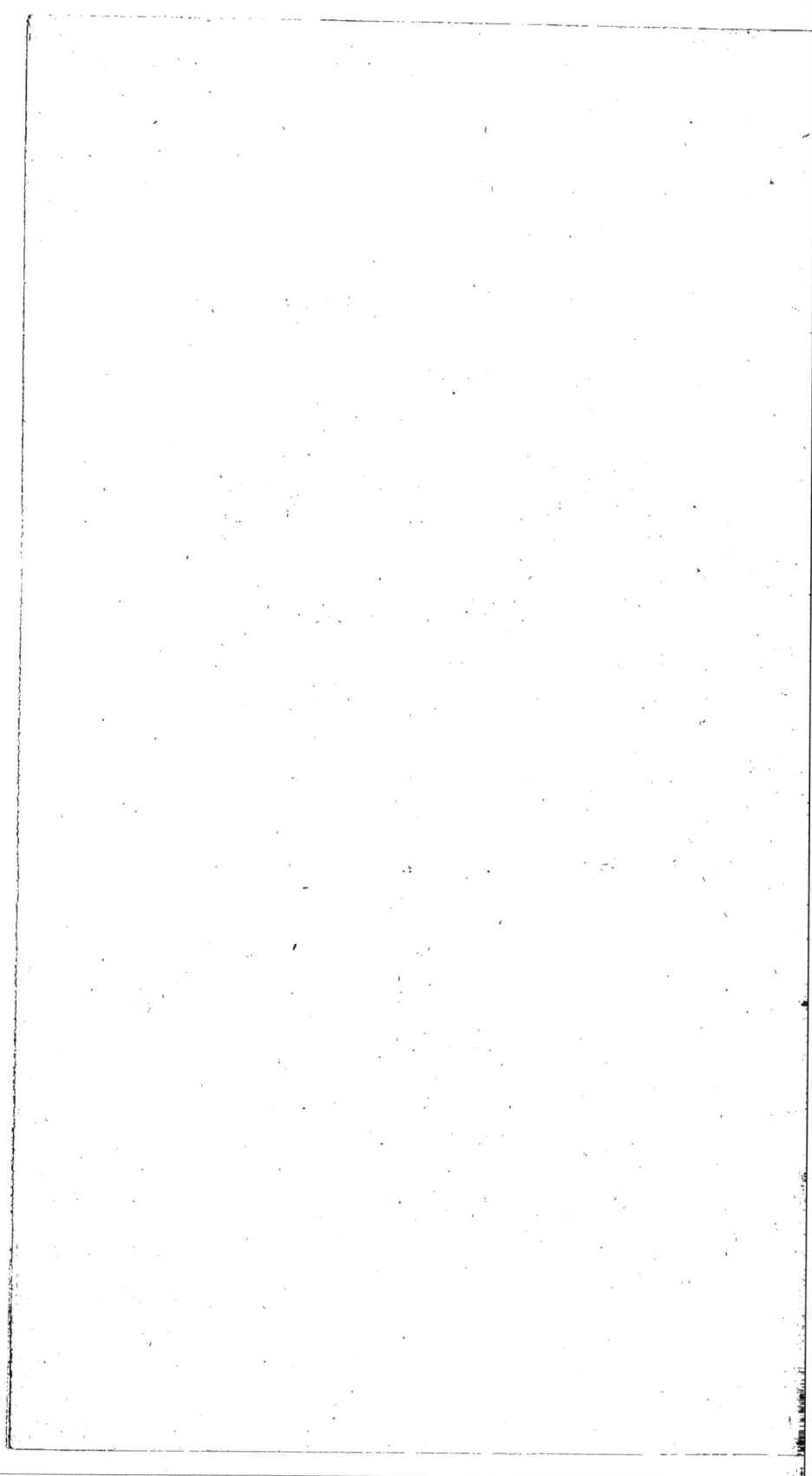

PRÉFACE.

Les deux études que nous réunissons aujourd'hui
ont vu le jour successivement et à vingt ans de
distance. La première a paru en 1844, et a été
insérée dans le *Bulletin de la Société libre d'Émulation de Rouen*, pour l'année 1844. Reproduite
dans la *Revue de Rouen* de la même année
(1er semestre, p. 338-354), elle a été tirée à part,
mais à cent exemplaires seulement. Sous le titre
de *Culture de la Vigne en Normandie*, elle forme
une brochure de dix-huit pages in-8º, devenue
très rare aujourd'hui.

La seconde étude, écrite vingt ans après pour
cette même Société d'Émulation de Rouen, a été
également insérée dans le *Bulletin* de ses travaux

pour l'année 1864-65 (p. 274-300). En 1866, elle a été également reproduite dans la *Revue de la Normandie* (t. VI).

Nous espérons que cette publication spéciale et la plus complète qui ait encore été faite sur la matière intéressera les habitants de la Normandie. Nous pensons que jusqu'à présent cette brochure est à peu près la seule qui ait traité avec quelque développement un sujet qui touche tout à la fois à l'archéologie et à l'histoire, au commerce et à l'industrie, à l'agriculture et à la liturgie.

LES ANCIENS VIGNOBLES

DE LA

NORMANDIE.

— ⚬ —

PREMIÈRE ÉTUDE (1844).

Qu'il y ait eu autrefois des vignobles en Normandie, que cette province ait fourni à la consommation et au commerce des vins abondants ; que ses côteaux, aujourd'hui ombragés de pommiers, aient été autrefois couverts de vignes, ce sont là des faits dont il n'est pas permis de douter.

Les preuves en sont innombrables, et tellement disséminées dans notre histoire, que l'on ne sait vraiment par où commencer. Ces preuves sont de toute nature : preuves écrites, preuves monumentales, preuves traditionnelles. Les chroniques, les chartes, les manuscrits, les terriers, les délibérations capitulaires, mentionnent à chaque page les vignobles de nos abbayes. Les princes les prenaient sous leur protection ; l'église les couvrait de ses bénédictions ; les moines les cultivaient de leurs mains ; le peuple en gardait le souvenir, et le transmettait aux siècles futurs. Il n'est pas jusqu'à la vigne sauvage de nos forêts qui ne proteste par sa présence de son antique possession du sol.

Les premiers monuments écrits, qui traitent de notre pays, datent du moyen-âge. Eh bien! dès l'origine des temps historiques, nous voyons apparaître la vigne, enfonçant ses racines dans le sol gallo-romain; et du plus loin que nous l'apercevons, elle couvre déjà de ses rameaux flexibles la cellule de nos solitaires, ou tapisse de ses branches souples la grotte de nos ermites. On peut l'appeler, à juste titre, la fille des saints, car les trois premiers vignerons connus dans nos contrées furent: saint Ansbert, de Rouen, saint Philbert, de Jumiéges, et saint Wandrille, de Fontenelle.

Lorsque ces fondateurs d'ordres voulurent rassembler autour d'eux les débris de la société romaine et en faire les éléments constitutifs de la société française, lorsqu'ils tentèrent de réunir ces flots de barbares qui erraient comme des brigands au milieu de nos forêts poussées sur des ruines, ce fut à l'agriculture qu'ils demandèrent les premiers éléments de civilisation (1). Saint Leufroy, saint Ouen, saint Saëns, saint Ansbert, saint Wandrille, saint Valery, et tous ces puissants thaumaturges qui changèrent la face des Gaules, étaient des hommes qui partageaient leur temps entre la prière et le travail des mains. Saint Wandrille et saint Ansbert plantèrent la vigne de leurs propres mains, et la cultivèrent dans le vallon de Fontenelle, à cinq cents pas de leur monas-

_____

(1) « Latronum, qui sylvam colebant, impia caterva eorum admirans constantiam ad pedes B. Ebrulphi procidit.... Multi ex illis facti sunt monachi aut latrocinia deserentes efficiebantur agricultores. » — *Neust. pia*, p. 86.

tère (1). Un chroniqueur contemporain nous montre la chapelle de saint Saturnin ornée de pampres et de rameaux fertiles (2). On le voit, les patriarches avaient planté l'Orient, les moines plantèrent l'Occident.

Les premiers chroniqueurs de Jumiéges se plaisent à nous peindre la terre Gémétique toute couverte de grappes empourprées (3). Dans la distribution de la maison, ils n'oublient pas les caves souterraines, où l'on resserre et pressure les vins (4). Le vin de Jumiéges et celui de Conihout, qui est voisin, conservèrent longtemps leur réputation. Il en est fait mention dans un état des revenus et des dépenses de Philippe-Auguste (5). En 1410, une queue de vin de Conihout se payait encore 70 sous par les châtelains de Tancarville (6). Ainsi, au xvᵉ siècle, le vin indigène n'était pas dédaigné par les caves féodales.

Les vignobles de Rouen sont mentionnés dès le temps de Charles-le-Chauve, dans cette charte carlovingienne, dont l'abbaye était si fière. Le petit-fils de Charlemagne confirma un monastère dans la ville, et aux alentours

---

(1) « Quodam enim tempore Ansbertus à climate meridiano distantem à præfato cœnobio passus ferè quingentos hortatu ejusdem viri Dei B. Wandregisilii vineam plantare et excolere cœpit. » Vit. Sᵗⁱ Ansbert. Caput 1, apud Bolland.

(2) « Basilica Sᵗⁱ Saturnini, in vertice ardui montis vinearum quondam fertilis. » Vit. Sᵗⁱ Wandregisil., apud Bol.

(3) «Videas illic botris gravidas vites» (*Neustria pia*, p. 262.) — « Nigra bacca racemis. — Purpureæ gravidis turgent in vitibus uvæ. » (*Ibid.*, p. 264.)

(4) « Subtus habet ædes geminas, alteras condendis vinis, » p. 262.

(5) Guilmeth, *Hist. d'Elbeuf*, p. 216. — Noël, *Essai sur la Seine-Inférieure.*

(6) *Hist. du château de Tancarville*, par M. Deville, p. 173.

des maisons, d'où relevaient des champs cultivés, des prés, des moulins, des pêcheries et des vignobles (1). Pommeraye assure qu'en 1254 ces vignes formaient encore une des principales richesses de la royale abbaye (2). Les vignobles de la côte Sainte-Catherine sont mentionnés jusque sur d'anciens plans de la ville.

Le prieuré du Mont-aux-Malades possédait aussi des vignobles autour de Rouen, et ses archives des derniers siècles disent qu'on en voyait encore des traces sur les flancs du Mont-Fortin (3).

Le duc Robert, au temps de l'archevêque Hugues, donna à l'abbaye de Cérisy trente arpents de terre situés à Rouen et plantés de vignes (4). Enfin, c'était chose si commune dans ce pays aux temps anciens, que Gautier de Coutances établit des dîmes ecclésiastiques sur le vin comme sur le lin, le chanvre, la laine, le foin, les pommes et les autres productions indigènes (5).

En retour, l'Église accordait à ce produit du sol ses

---

(1) « Mensuræ extra et intra civitatem agros, vineas, prata, sylvas et piscaturas. » *Neust. pia.*

(2) *Hist. de l'abbaye de Saint-Ouen.*

(3) Archives départ.; carton du Mont-aux-Malades.

(4) « In Rodomo civitate vineas meas Dominicales, scilicet trigenta arpentos. » *Neust. pia.*

(5) « Omnes decimæ terræ sive de frugibus, sive de fructibus Domini sunt et illi sanctificantur. Sed quia inveniuntur multi decimas donare nõlentes statuimus ut juxtà præceptum domini admoneantur semel, secundo, tertio, ut de grano, vino, fructibus arborum, fœtibus animalium, fæno, lino, lanâ, cannabe, caseis et de omnibus quæ per annum renovantur decimas integrè persolvant. » — Concil. Rothomag., statuts de 1189.

puissantes bénédictions, et, dans notre cathédrale, à partir du 14 septembre, on faisait chaque dimanche, avant la grand'messe, la bénédiction de vin nouveau (1). Nos anciens rituels contiennent, en outre, des prières et des exorcismes que l'on pratiquait dans le diocèse sur les arbres, les moissons et les vignobles. Cette formule se retrouve jusque dans l'édition de 1771, donnée par le cardinal La Rochefoucauld (2).

On le voit, les bords de la Seine étaient riches en vignobles, et si nous remontons un moment le fleuve, nous verrons les vins d'Oissel et de Freneuse mentionnés dans les anciens tarifs des droits d'entrée de la ville de Rouen. Noël de la Morinière, qui a bu du vin d'Oissel en 1791, assure qu'il était encore potable (3). Mais celui de Freneuse était regardé comme le meilleur. Il est question de ce vin dans un ancien cahier de remontrances faites, vers la fin du dernier siècle, sur la liberté des foires de Rouen.

Mais descendons plutôt le fleuve, car c'est ici que les vestiges de l'ancienne culture deviennent plus rares, et que les preuves en sont plus contestables.

Vatteville, cette vieille métairie mérovingienne, ce rendez-vous de chasse de nos rois francs, a conservé dans sa forêt de Brotonne le souvenir de ses anciens vignobles, et, en 1183, nous voyons Henri II confirmer à l'abbaye de Jumiéges un arpent de vignes que lui avait donné Robert de Vatteville (4).

(1) Noël, *Essai sur la Seine-Inférieure.*
(2) *Rituale Rotomagense.*
(3) *Essai sur la Seine-Inférieure.*
(4) « Ex dono Roberti de Vattevilla arpentum vineæ. » *Neustria pia.* p. 324.

Dans l'histoire de la maison de Harcourt, par le père Laroque, nous voyons souvent Waleran de Meulan parler de sa vigne de Sahurs et de Beaumont-le-Roger, et de son clos de la Croix-Saint-Leufroy. C'était comme les fleurons de sa couronne de comte.

A Saint-Jean-de-Folleville, M. Emmanuel Gaillard a connu la terre de la Vigne (1), et nous savons que, dans le plan cadastral du Valasse (2), figure toujours le *clos de la Vigne* dans le parc de l'ancien monastère. La tradition et d'anciens titres parlent de ce vignoble, depuis longtemps disparu.

Mais arrivons jusqu'à Oudales, au pied de ce fameux camp de Sandouville, qui pourrait bien être le *Castra Constantia* de Constance Chlore. Dans plusieurs chartes et papiers du xv⁰ siècle, il est fait mention de la vigne d'Oudales, sur laquelle les moines de Fécamp tirèrent des dîmes et des revenus. La place en est encore visible sur les cartes géographiques (3). J'ai lu quelque part que la donation leur avait été faite par Guillaume-le-Conquérant. Toujours est-il que la tradition appelait ce vin *le Surène de la Normandie*.

Les rivages de la mer, quoique exposés à un froid plus vif, n'étaient point dépourvus de ce genre de plantation. Il dut y avoir des vignes sur le territoire de l'ancienne exemption de Montivilliers. Cette opinion repose sur les traditions et sur une bulle du pape Alexandre, donnée à Anagnie, la sixième année de

(1) *Bulletin de la Société d'Agriculture de la Seine-Inférieure*, 1836.

(2) Plan cadastral de Gruchet-le-Valasse, à la mairie du lieu.

(3) Carte de l'arrondissement du Havre, dans la *Normandie pittoresque* de M. Morlent. Sur Oudales, on voit le hameau des *Vignes*.

son pontificat, par laquelle il confirme à l'abbaye de Montivilliers et prend sous sa protection toutes ses possessions, telles que bois, terres, vignobles, moulins et autres biens (1). Je regarde également comme une preuve de ce fait les sculptures du xvi⁰ ou du xvii⁰ siècle, qui couvrent les grandes portes de bois de l'église abbatiale. On y voit des claies et des échalas soutenant des vignes, ce qui paraît une réminiscence de l'ancienne industrie du pays.

A Etretat, je connais, au fond du Petit-Val, le côteau de la Vieille-Vigne ou de la Vévigne comme le peuple l'appelle ; et j'ai toujours entendu dire, qu'au *Mont-Rôti*, commune des Loges, on faisait autrefois du vin que l'on appelait, en riant, le vin de la *Côte rôtie*.

Dans les délibérations capitulaires de l'abbaye de Fécamp, nous trouvons mentionnées, en 1700, les dîmes de la côte de la Vigne, sur la paroisse de Saint-Valery de Fécamp, et, en 1706, celles de la côte de Vigne, sur la paroisse de Saint-Nicolas (2) de la même ville. La tradition a conservé le nom de côte des Vignes à un coteau du val aux Clercs, près le bois de Boquelon, sur la paroisse Saint-Léonard.

Mais c'est aux environs de Dieppe que les vignes étaient abondantes. Je tiens d'un propriétaire du Petit-Arques, qu'il y avait un vignoble au lieu appelé

---

(1) *Antimoine contre l'abbaye de Montivilliers*, par le curé de Rouelles (1710). — Dans la charte de fondation de l'abbaye de Montivilliers, donnée par le duc Robert en 1035, on trouve : « In villâ quæ vulgô Beccherel (le « Béquet ?) appellatur, tres quartenos vineæ suprà Sequanam sitæ, medietatem quoque vini quod est Asselini ejusdem'villæ, in Vadine tredecim arpenta « vineæ. » (*Gall. christ.*, t. XI, p. 237.)

(2) Délib. capitul. de Fécamp., Arch. départ.

la terre de la Vigne, et M. le chevalier de la Lance assurait en avoir encore connu dans le château de Miromesnil, cette belle propriété du garde-des-sceaux de Louis XVI.

Chose certaine, c'est qu'à la bataille d'Arques, livrée à la Maladrerie de Saint-Etienne, le 21 septembre 1589, la cavalerie ne put manœuvrer que difficilement, arrêtée qu'elle était par les vignobles, alors en pleine vigueur. C'est le duc d'Angoulême, témoin oculaire du combat, qui a consigné ce fait dans ses Mémoires (1).

Bouteilles, si célèbre par ses salines, produisait aussi du vin au XIIIe siècle ; car, à cette époque, l'abbaye de Beaubec y possédait des vignes, dont la propriété lui fut confirmée par Jean Sans-Terre (2).

Le pays de Bray lui-même n'en était pas dépourvu, et, depuis Foucarmont jusqu'à Gournay, il semble qu'il n'y eût qu'un long réseau de vignobles. L'histoire raconte que la vigne était cultivée aux environs d'Aumale, au temps d'Henri IV. La tradition parle de celle de Pierrecourt-sous-Foucarmont. Il y en avait en 1163 à Graval, à Portmort, et dans toute la vallée à l'est de Neufchâtel (3). Dans la fondation de l'abbaye de Sigy, en 1052, nous voyons Hugues de la Ferté donner au prieuré naissant quarante arpens de terre, à Calvaincourt, pour y planter des vignes (4).

(1) « Le sommet de la montagne (entre Martin-Église et Arques) est garni de treilles fort époisses, où la cavalerie ni l'infanterie ne pouvoient passer sans se mettre en désordre. » (Collection Petitot, t. XLIV, p. 553.)

(2) Noël, *Essais*, t. 1er, p. 50.

(3) *Sur la culture de la Vigne*, par M. Chaptal, en 1801. — Noël de la Morinière, *Essai sur la Seine-Inférieure*, t. 1er, p. 49.

(4) In monte de Calvaincourt XL aghos ad vineam faciendam.

Au xiiie siècle, Eudes Rigaud, archevêque de Rouen, faisant la visite de son diocèse, vint au prieuré de Saint-Aubin, près Gournay, le 9 septembre 1267 ; il y trouva treize religieuses, dont trois étaient pour l'heure aux vendanges (1). On voit ici à quel moment se faisait la récolte. En 1842, année très chaude, nous avons vu publier le ban de vendanges à Orléans, le 19 septembre seulement, tandis que, chez nous, il y a 600 ans, on le publiait dix jours plus tôt. Il s'ensuit de là, qu'au xiiie siècle, sur les bords de l'Epte et de la Bresle, le raisin mûrissait plus vite qu'il ne mûrit au xixe, sur les bords de la Loire.

Il y a plus, il est probable même, qu'au mois de septembre, la vendange était très avancée parmi nous, car nous trouvons, dans le *Rituel* de Beleth, monument du xiiie siècle, qu'à cette époque on se servait de vin nouveau pour célébrer la messe de la Transfiguration, et qu'on donnait avec lui la communion au peuple. Dans certaines années, lorsqu'on ne pouvait obtenir de vin fermenté, on se contentait de prendre des grappes de raisin, de les bénir, et d'en exprimer le jus dans le calice pour la communion générale.

Il s'ensuit dès lors qu'on obtenait en France, au 6 août, des fruits et du jus de la vigne : ce que l'on aurait quelquefois peine à obtenir aujourd'hui au 6 octobre (2)

---

(1) « V non. sept. (anni 1267), ibi erant 13 moniales commorantes quarum tres erant in vindemiis. » *Regest. visitat. archiepisc. Rothomag.*, p. 58.

(2) « Quatenus quidem Christi sanguinem eadem hac die Transfigurationis confici ex vino novo, si inveniri possit, aut aliquantulum ex naturâ unâ in calicem expressâ, et quod racemi benedicantur, indique homines communtcent. — Quare autem hoc fiat hæc est ratio : quia ipso die cœnæ dicit

En 1118, Guillaume à la Hache, comte de Flandre, ayant été blessé près d'Aumale, par Hugues Boterel, se retira dans cette ville, où le comte Etienne, et Avoise son épouse, le reçurent de leur mieux ; mais, s'étant livré à la bonne chère et ayant bu du vin nouveau avec excès, il finit bientôt après sa vie avec ses desseins (1).

Nicolas Cordier, dans son histoire manuscrite de Gournay, dit qu'autrefois il y avait des vignobles près de la ville, et jusque dans ses 'fossés. « Nous avons, dit l'historien de Gournay, un canton appelé le champ et clos de la Vigne, et nous avons vu des contrats portant fief de quelques-uns de ces héritages, avec condition de pressurer le vin dans le pressoir du propriétaire. »

Presque toujours la piété des princes faisait hommage aux abbayes des vignobles du pays. Aussi est-ce dans leurs archives que nous trouvons les traces de cette antique culture. Au xi° siècle, nous voyons Roger de Mortemer donner à l'abbaye de Saint-Victor la terre de la Vigne, « terram de vineâ (2). » En 1259, les moines de Sausseuse, près Vernon, se plaignent à Eudes Rigaud de n'avoir pas d'argent pour faire travailler à leurs vignes (3).

---

doniinus Jesus apostolis et aliis qui cœnabant cum illo : Amen, dico vobis, posthac non biham de hoc genimine vitis, donec bibam illud novum in regno patris mei, quoniam ergo tunc dixerit novum et Transfiguratio domini pertinet ad illum habitum, quem est nactus post resurrectionem ideo quæritur hoc festo novum. » *Divinorum offic. explicatio Joannis Beleth*, apud Durandum, p. 650, édition de Lyon, 1568..

(1) *Hist. de Gournay*, par M. P. de la Mairie.

(2) *Mém. de l'abbé Terrisse sur l'abb. de Saint-Victor*. (Charte de Rog. de Mortemer.)

(3) *Lib. visit.*, ms de la Bibl. royale.

Guillaume-le-Conquérant confirme, dans une Charte, à l'abbaye de Montivilliers, cinq arpents de vignes, à Longueville, que Ubasta, fille de Rimer, avait apportés avec elle en se faisant religieuse dans ce monastère (1). Dans le nécrologue du Valasse, on lit ceci : « En 1165, mourut Valeran de Meulan, qui donna à l'abbaye du Vœu beaucoup de biens, en forêts, en vignobles, en terres et en revenus (2). » C'était une des plus glorieuses inscriptions que les moines pussent accorder à leurs bienfaiteurs.

Le duc Richard donna, à l'abbaye du Mont-Saint-Michel, l'église de Saint-Jean dans le Cotentin, avec ses vignobles, et Guillaume-le-Bâtard accorda au second monastère de Préaux tout ce qu'il possédait de vignes dans le village de Bodelfa (3).

Mais l'abbaye la plus riche en vignobles, celle qui tirait le plus de vins du pays, et qui percevait les plus grands droits, celle, enfin, qui exploitait sur une plus grande échelle les établissements viticoles de la contrée, c'était la royale abbaye de Fécamp. Au XIe siècle, le duc Richard lui avait donné, au diocèse de Bayeux, le bourg d'Argences avec son église, ses terres, ses prairies, ses vignobles, ses forêts, ses moulins, ses eaux et ses cours d'eau. Argences, dès ce temps-là,

(1) « Ubasta filia Rymerii, annuente fratre suo Hilduino, dedit Sanæ-Mariæ de Monasterio Villari pro animâ suâ, et quia ibi monacha facta est, quinque arpennos vineæ in Longavilla. » *Gall. christ*, t. XI, ad calcem.

(2) « Anno 1165, obiit illustris Valeranus, Mellentis comes, qui multa bona contulit ecclesiæ B. M. de Voto , quæ sita est in territorio Caletensi in terris, in sylvis, in vineis et reditibus. *Neust. pia*.

(3) *Neustria pia*. — Ecclesia cum vineis. — Decimam vini.

2

était réputé pour son excellent vin ; car la charte dit :
« Argennæ vicus qui optimi vini ferax est (1). »

La possession de cette exploitation si lucrative était
attachée à l'office de sacristain, et voici de quelle
manière une vieille tradition explique l'origine de
cette propriété. Le duc Richard était très pieux. Un
jour, il se laissa enfermer dans l'église de l'abbaye,
pour y prier Dieu tout à son aise pendant le silence
des nuits. Par hasard, le frère sacristain s'avisa de faire
sa ronde cette nuit-là dans l'église : il trouva le prince
agenouillé au pied d'un autel. L'obscurité l'empêchant
de le reconnaître, il le prit pour un voleur, le traita en
conséquence, et le mit à grands coups de pieds hors l'é-
glise. De part et d'autre, on garda le silence, le prince
pour ne pas être reconnu, le bénédictin pour ne pas
manquer à la règle. Le lendemain, le duc fit venir le sacristain, et lui demanda s'il se souvenait de l'histoire de
la nuit passée ; il lui confessa alors que le maître de la
Normandie en était le héros. Le sacristain, épouvanté
de cette révélation, se jeta aux pieds du duc, deman-
dant pardon et miséricorde : « Non pas! dit le prince,
« vous avez fait votre devoir, et, pour vous récom-
« penser, je vous donne le vignoble d'Argences, mais
« vous saurez que cette faveur est spécialement accor-
« dée à votre exactitude à garder la règle du silence. »

L'abbaye posséda avec beaucoup de succès les vignes
d'Argences, et, au xiiie siècle, elle en tirait de grands
profits. Nous trouvons, dans un cartulaire de cette

---

(1) *Neustria pia*, p. 213. — Cette vigne d'Argences était très recherchée,
car le duc Robert avait déjà donné à l'abbaye de Cerisy « in Argentiis tres
arpennos terræ ad vineam faciendam. » *Neust. pia*, p. 431.

époque, les comptes particuliers des récoltes qu'elle y
faisait; il n'y est question que de galons, de pintes et
de bouteilles de vin : « Galones, pintas et lagenas
vini (1). » Il y avait un moine préposé à la surveillance
générale de cette vigne, qui demeurait sur les lieux, et
louait des ouvriers pour tailler au printemps, et ven-
danger en automne (2). Il y avait aussi des procureurs
aux vendanges « procuratores in vindemiis, » des vendangeurs pour la récolte « qui vina colligebant, » et des
gardiens pour le pressoir « qui torcular custodiebant. »
On voit que le service était parfaitement organisé.

Ce n'était pas, du reste, le seul établissement viticole
que possédât l'abbaye de Fécamp. Ce même Richard II,
appelé à juste titre le Père des moines, leur avait
donné, dans Saint-Pierre-de-Longueville, près Vernon,
douze arpens de vignes (3), qui furent cultivées jusqu'à
la révolution. Voici ce que nous lisons dans un inven-
taire de tous les biens de l'abbaye, dressé en 1790,
par Alexis Lemaire, dernier prieur du monastère :
« Les religieux font valoir, en la paroisse de Saint-
« Pierre-Longueville, le clos de Hardent, contenant
« douze arpens, planté en vignes, clos de murs, édifié
« d'une maison, cour, pressoir et écurie. On y récolte
« jusqu'à 136 muids de vin, mais la dernière récolte
« n'a produit qu'un muid et demi. Année commune,
« on y récolte 95 muids, qu'on estime de même à 70"

(1) Cartulaire de Fécamp, aux Archives départementales.

(2) « Monachus fiscannensis morabatur in vindemiis apud Argentias. »
Charte de 1231, dans le cartulaire de Fécamp du XIIIe siècle, aux Archives
départ.

(3) « In Longavillâ de vineis arpentos duodecim. »

« le muid, ce qui fait 3,850*ᵗ*, sur quoi il faut dimi-
« nuer les frais de culture, fumier, échalas, gages du
« concierge, frais de vendanges, etc.; » et, au chapitre
des meubles, on lit : « Deux pressoirs avec tous les
« ustensiles nécessaires, dont un pour le vin, dans la
« métairie du Hardent (1). »

En voilà, ce me semble, plus qu'il n'en faut pour
prouver l'existence de la vigne en Normandie. Mais,
dira-t-on, comment y est-elle entrée, et comment en
est-elle sortie ? (2) Voilà qui est moins facile à dire,
et ce que je vais pourtant tâcher d'expliquer.

L'introduction de la vigne en Normandie me paraît
remonter aux Romains, qui peut être l'apportèrent
d'Italie en Gaule pendant la prospérité de l'Empire.
Ce fut un des bienfaits de la conquête. Dès le temps
de Pline l'Ancien, la vigne était cultivée dans les provinces voisines des Alpes (3), et, à l'époque où Strabon
écrivait sa Géographie, cette culture s'étendait assez
avant dans l'Auvergne et dans les Cévennes (4). Il
observe même qu'à mesure que l'on avance dans le
Nord, on trouve que le raisin a peine à mûrir.

Néanmoins, il paraît certain, par le rapport de tous

---

(1) Invent. de tous les biens de l'abbaye de Fécamp, dressé en 1790, par
Alexis Lemaire, prieur.

(2) On peut considérer la culture de la vigne à peu près comme exilée de
la Normandie ; car on ne la rencontre plus qu'à ses extrêmes frontières. Les
trois points les plus rapprochés de nous où nous l'ayons aperçue sont : Beauvais, Gaillon et Nonancourt.

(3) *Hist. Nat.*, lib. 14 et 16. — Déjà, dans ce temps, on se servait de
tonneaux cerclés en bois : « Circà Alpes vina ligneis vasis condunt circulisque
cingunt. »

(4) Strabon, *Géograph.*, apud Bouquet t. Iᵉʳ.

les historiens, que Probus fut le premier qui planta la
vigne sur les coteaux de la Gaule et de la Pannonie.
« Probus Gallos et Pannonios vineas habere permisit (1). » Aurélius Victor nous montre cet empereur
couronnant nos collines de pampres et de raisins fertiles (2).

La vigne prit heureusement racine dans les Gaules,
car l'historien de Julien l'Apostat nous dit qu'à Lutèce,
on recueillait de meilleur vin qu'ailleurs, parce que,
ajoutait-il, les hivers y sont plus doux que dans le
reste du pays (3). Peu de temps après, le poète Ausone
nous montre les collines de la Moselle couvertes de
pampres (4).

Une chose étonnante, c'est que, dans une foule
d'endroits où nous trouvons des antiquités romaines,
nous rencontrons également des traces de vignobles.
Les noms seuls l'indiquent : C'est le champ de la
Vigne, le clos de la Vigne, la côte de la Vigne, la
terre de la Vigne, le camp du Vigneron.

Il n'y a pas même jusqu'au sein de nos antiques
forêts, germées, comme Brotonne, sur les débris de
nos villas, où l'on ne trouve comme une protestation
vivante de ce grand fait des vignes sauvages qui enla-
cent de leurs branches les chênes séculaires. Ce sont là
comme les lierres de nos ruines romaines.

Maintenant, comment se fait-il qu'une culture si

(1) Euseb., *Chroniq.*, apud Bouquet, an de J.-C. 281. — Aurel Victor,
Vie des Empereurs.

(2) « Probus Galliarum colles vineis replevit. »

(3) Année 358, apud Bouquet.

(4) « Amnis odorifero juga vitea consita Baccho. »

bien naturalisée parmi nous, ait disparu complètement dans le dernier siècle.

L'opinion publique attribue généralement cette disparition à un refroidissement progressif du sol et de l'atmosphère (1). Elle appuie son assertion sur un raisonnement bien simple. La côte d'Ingouville, près du Havre, est parfaitement orientée au midi, et reçoit, sans modification aucune, les plus chauds rayons du soleil. Les vignes qui y croissent, tapissent ordinairement des maisons de pierre, ou recouvrent des treilles parfaitement exposées et parfaitement entretenues. Le plant est des meilleurs, et la culture des plus soignées. Eh bien ! malgré cela, le raisin coule et avorte le plus souvent, et il faut des années très favorisées par le soleil pour le voir mûrir. Or, autrefois, il mûrissait en plein champ et de très bonne heure, puisque nous voyons les vendanges avoir lieu parmi nous, le 9 septembre, et même le 6 d'août, et la bénédiction du vin nouveau se faire le 14 du mois suivant. Donc, une révolution s'est opérée dans le climat de notre pays.

M. Arago, dans les Notices scientifiques de l'Annuaire du Bureau des Longitudes, fait un raisonnement à peu près semblable (2). Il prouve, l'histoire à la main, que, dans plusieurs provinces de France, telles que le Vivarais et la Picardie, le raisin ne mûrit plus aujourd'hui, tandis qu'il y prospérait autrefois. Il en conclut, non à une diminution des rayons solaires, mais à un refroi-

(1) *Recherches sur le climat de la France*, par M. Fuster; Comptes-rendus hebdomadaires de l'Académie des Sciences, t. XVIII, p. 18. année 1844.

(2) *Annuaire du Bureau des Longitudes*, année 1834 ou 1835.

dissement de la terre, ou plutôt à un plus grand nivelle-
ment des saisons, tellement qu'aujourd'hui les hivers
seraient moins froids et les étés moins chauds. Il n'est
pas éloigné de voir la cause de ce changement de température dans le déboisement de la France et le défri-
chement de nos forêts (1).

Nous serions aussi tenté de regarder, comme une des
causes de la ruine de l'industrie viticole en Normandie,
les longs et rigoureux hivers qui marquèrent la fin du
XVIIe siècle, et le commencement du XVIIIe. L'hiver de
1684 fut horrible, comme on le sait, et dura cinq
mois : pendant ce temps, il fallut couper l'eau avec
des haches, et fendre le vin avec la coignée ; la mer gela
sur nos côtes, jusqu'à 3 lieues au large, depuis le Tréport jusqu'au Havre. Les navires ne pouvaient sortir
de Fécamp. Ceux de Saint-Valery furent pris dans les

(1) M. Fouray de Salimbini a inséré dans le journal des *Propriétaires
ruraux*, imprimé à Toulouse, en 1836, un article dans lequel il prouve,
par les registres conservés à la mairie de Dijon, où les époques des bans
des vendanges sont inscrites depuis 1383 jusqu'à nos jours, que le raisin
mûrissait autrefois plus tôt qu'aujourd'hui.

Voici ce que la compulsion des registres de la mairie de Dijon a mis au jour :

1° Dans le XIVe siècle, on ne trouve aucune vendange faite dans le mois
d'octobre ;

2° Dans le XVe siècle, deux vendanges ont été faites en août, vingt-deux
seulement en octobre, les autres en septembre ;

3° Dans le XVIe siècle, deux vendanges ont été alors faites en août, vingt-
sept en octobre, les autres en septembre ;

4° Dans le XVIIe siècle, pas une seule vendange ne se trouve en août, vingt-
trois en octobre, les autres en septembre ;

5° Dans le XVIIIe siècle, pas une seule vendange en août, vingt-trois en
octobre, la plus tardive ayant été faite le 17 du mois, le reste en septembre,
la plus précoce ayant eu lieu le dix du mois ;

6° Enfin, sur vingt-neuf années du siècle actuel, quatorze vendanges ont

glaces, et à Dieppe, après le dégel, on vit des glaçons de 11 pieds d'épaisseur (1).

L'hiver de 1709 fut pire encore, et il faut l'entendre raconter par les chroniqueurs dieppois contémporains. « Le 5 janvier, dit l'un d'eux, il tomba de la pluie « pendant tout le jour ; et le lendemain 6, fête de « l'Epiphanie, sur les cinq heures du matin, la gelée « commença à se faire sentir, et dura jusqu'au 24. Le « froid fut si piquant, qu'il n'y en avait point eu de « pareil depuis 1684. Il ne fut interrompu que par un « petit intervalle ; car, le 3 et le 4 février, il commença « à regeler, et, le 5, il tomba tant de *neige* avec grand « vent, et en telle abondance, que les chemins devinrent « impraticables, les cavées en étant remplies au niveau « des monts de Caux et du Pollet. Dans la ville, il y « avait de la neige jusqu'au premier étage ; ce qui, « joint au froid rigoureux, fut cause que les boutiques « furent fermées durant plus d'un mois. Les bourgeois « furent obligés de travailler pour se frayer, au milieu

été faites en octobre et, deux fois de suite seulement, on en trouve trois faites en septembre.

M. Salimbini se croit en droit de conclure de ce relevé, qu'au XVIᵉ siècle, l'époque normale pour les vendanges à Dijon, était dans la première quinzaine de septembre ; tandis que si le XIXᵉ continue comme il a commencé, il offrira à nos neveux quarante-huit vendanges en septembre, ce qui prouve que l'époque moyenne de la vendange est descendue dans la quinzaine formée des derniers huit jours de septembre et des premiers huit jours d'octobre.

En suivant cette progression décroissante, l'auteur est arrivé à prouver que, vers le XXIVᵉ ou le XXVᵉ siècle, il ne sera plus possible que le raisin mûrisse dans la plaine de Toulouse. *Journal d'Agriculture pratique*, . Iᵉʳ, page 335.

(1) Lettre de dom Guill. Fillastre, bénédictin de Fécamp, à dom Jean Mabillon. (*Œuvres posthumes de Mabillon*).

« de la neige, un chemin praticable dans la ville et au
« mont de Caux jusqu'à la campagne. Le Mardi-gras, le
« froid fut si violent, que le port fut gelé jusqu'à lais-
« ser un passage libre et aisé à ceux qui voulaient le
« traverser sur la glace. Ce terrible hiver fit mourir
« beaucoup d'arbres fruitiers et de grains ; ce qui causa
« une grande cherté de vivres durant l'année, tellement
« que le blé valait jusqu'à 8 et 9 liv. le boisseau. Cette
« cherté dura un an (1) ».

On conçoit facilement que des plantations aussi fra-
giles que la vigne ne pouvaient résister à de pareilles
épreuves si souvent réitérées. Mais nous n'en sommes
pas réduits sur ce point à des conjectures. La chronique
manuscrite de l'Abbaye du Tréport nous révèle claire-
ment le résultat que nous cherchons. Car, à cette même
année 1709, elle dit : « Grand hyver rigoureux qui
« ruyne la pêche, les blés et les vignes. Grande misère
« partout (2). » Les blés, ils purent être facilement
remplacés, mais la vigne ne pouvait être replantée qu'à
grand prix d'argent. Le fut-elle jamais ? Il est permis
d'en douter, d'autant mieux que, depuis quelque temps,
elle n'était plus qu'une culture ingrate et stérile ; et
puis, la qualité du vin du pays s'était considérablement
détériorée dans certains cantons, tels que l'Avranchin :
on ne le nommait plus, au xviie siècle, que le *tranche-
boyau d'Avranche* (3). Ajoutez à cela le grand déve-

(1) *Histoire abrégée et chronologique de la ville, château et citadelle
de Dieppe*, Ms. de M. Féret, p. 272.

(2) Archives de l'église du Tréport.

(3) *Hist. gén. du duché de Normandie*, par Gab. Dumoulin, curé de
Menneval.

loppement qu'avait pris, dans les derniers temps, la fabrication du cidre, et la facilité toujours croissante des communications avec les pays vignobles ; en voilà plus qu'il n'en faut pour expliquer la défaveur et le discrédit dans lequel tombèrent, à la fin, les vins de la Normandie.

Toutefois, le peuple explique à sa manière la disparition de la vigne en Normandie. Il faut lui laisser raconter son histoire. Le lecteur pourra choisir entre sa version et celle des savants.

Au XVIe siècle, un fléau, véritable plaie d'Egypte, s'abattit sur les vignobles de la Normandie. D'innombrables volées de *dadins*, épaisses comme des nuées de sauterelles, venaient chaque année, vers l'automne, tomber à l'improviste sur les ceps chargés de raisins. Ils dévoraient les fruits, et ne laissaient aux arbres que les bois et les feuilles. Cette plaie se renouvela pendant plusieurs années. Les peuples réduits au désespoir se précipitèrent dans les églises, firent des prières, des pèlerinages, des processions, chantèrent des psaumes, des litanies, comme dans les anciennes Rogations. Le fléau cessa, et ces innombrables volées de dadins, poussées par la main de Dieu, furent transportées au-delà des mers, et reléguées sur le banc de Terre-Neuve, où Dieu les garde en réserve, dans le trésor de sa colère, pour les précipiter de nouveau sur quelque peuple qu'il voudrait punir. Demandez aux marins qui ont été à la pêche sur le grand Banc : ils vous diront que les dadins s'y trouvent encore par milliers, qu'ils obscurcissent l'air, qu'ils viennent se reposer sur les mâts et sur le pont des navires, qu'on les abat à coups de bâtons, enfin, qu'on en est importuné comme on l'est par les moucherons, le soir d'un beau jour.

Ainsi délivrés du fléau qui les affligeait d'une manière
si cruelle, nos pères ne manquèrent pas d'en témoigner
leur reconnaissance au Dieu qui les avait sauvés. Ils
sentirent le besoin d'exprimer leur reconnaissance
autrement que par des paroles. Ce fut, surtout, aux
contre-tables des autels qu'ils suspendirent leurs ex-
voto, en exprimant le fait dont ils avaient à rendre
grâce. Voilà pourquoi, dans les contre-tables de la
Renaissance, nous trouvons toujours, sur les colon-
nes torses chargées de raisins, de nombreux pigeons
sauvages qui s'attachent aux branches, et en dévorent
les fruits.

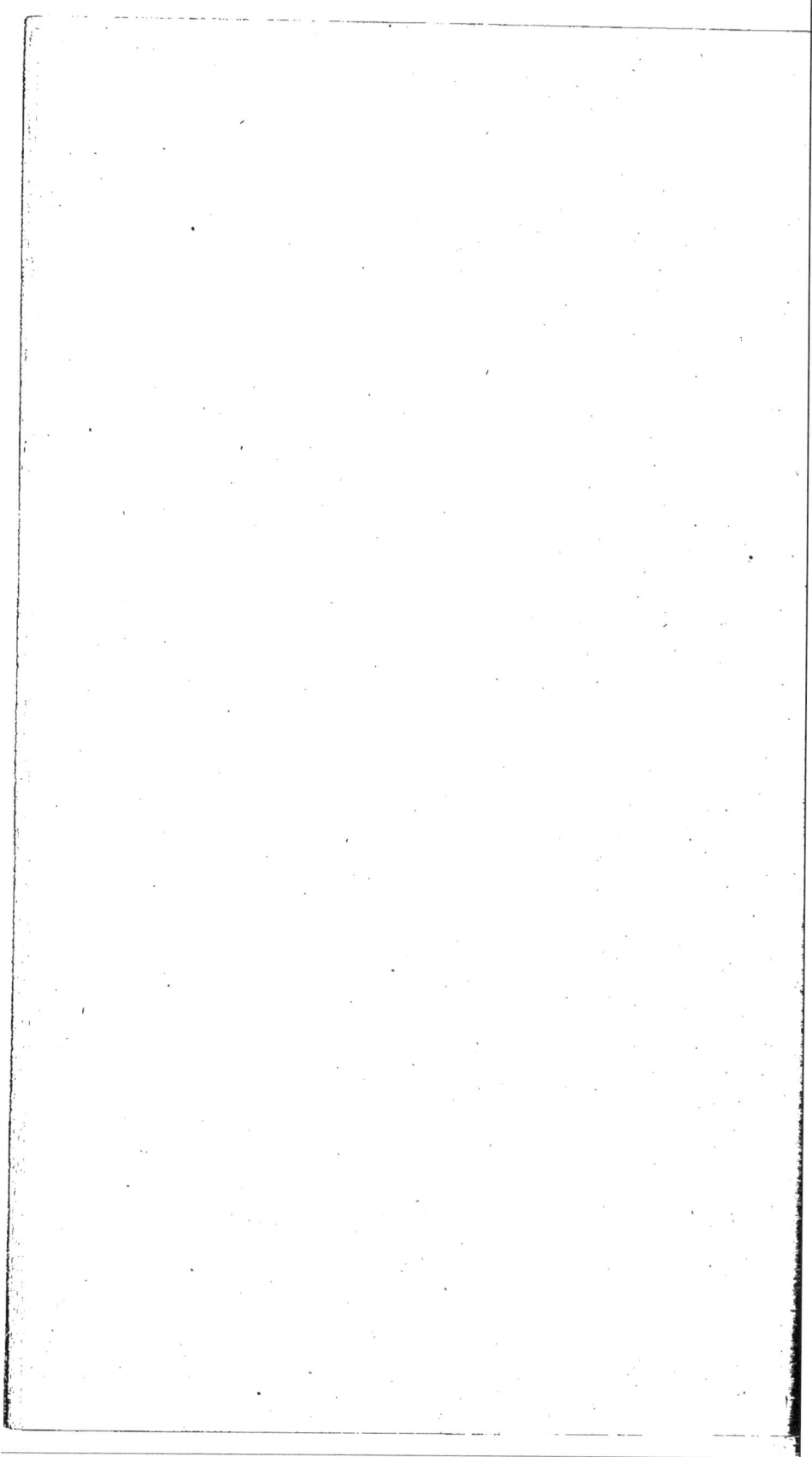

DEUXIÈME ÉTUDE (1865).

—◦◦◦—

Bien des fois déjà a été traitée la question de la vigne en Normandie. Dès le siècle dernier, Noël de la Morinière avait écrit sur ce sujet un mémoire qu'il dut communiquer à l'Académie de Rouen ; mais nous ignorons s'il a jamais été publié. De nos jours, MM. de Beaurepaire, de Rouen (1), Canel, de Pont-Audemer (2), et de Bonnechose, de Bayeux (3), ont esquissé quelques portions de ce grand tableau ; mais personne, ce me

(1) De Beaurepaire, *Revue de Rouen*, année 1852, p. 57-64.— *Notes et Documents concernant l'état des Campagnes de la Haute-Normandie dans les derniers temps du moyen-âge*, p. 105-116 ; in-8°. Evreux, 1865.

(2) A. Canel, *Blason populaire de Normandie*, t. 1ᵉʳ, p. 124-132.

(3) De Bonnechose, *Recherches hist. sur les progrès de l'hort. et de l'étude de la botan. dans le Bessin*, dans les *Mém. de la Soc. d'Agric. des Sciences, Arts et Bell.-Lett. de Bayeux*, 1844, p. 197-249.

semble, n'a traité ce sujet d'une manière plus profonde et plus large que M. Léopold Delisle, qui, dans tout ce qu'il fait, ne laisse presque rien à glaner aux autres. Il faut voir dans le grand tableau qu'il nous a donné de l'agriculture en Normandie, au moyen-âge (1), tout ce qu'il raconte des vignobles de notre province au temps de la féodalité. Nous même, il y a quelque vingt ans, nous avons aussi agité cette matière (2). Nous essayons aujourd'hui de compléter notre esquisse d'alors, ajoutant les nouveaux traits que nos études, nos voyages et nos observations nous ont permis de recueillir.

D'après les témoignages les plus imposants et les plus autorisés, la vigne nous viendrait d'Orient comme nos fleurs, comme nos fruits, comme la civilisation elle-même. De bonne heure, elle s'introduisit en Italie et en Sicile, où l'on assure que déjà elle se trouvait à l'état sauvage. Il est probable qu'elle monta rapidement vers les Alpes, et qu'elle pénétra vite dans les Gaules, puisque nous voyons une coupe de vin figurer aux noces de Patta, fille d'un roi celte de la Méditerranée, avec le chef des Phocéens qui fondèrent la colonie de Marseille (3).

La vigne se naturalisa aisément dans le sol de notre patrie, que la nature semblait avoir fait pour elle, et où elle devait acquérir si grande renommée et si complet

(1) L. Delisle, *Études sur la condition de la classe agricole et de l'état de l'Agric. en Normandie au moyen-âge*, p. 419-470.

(2) *Culture de la vigne en Normandie*, in-8° de 18 p. Rouen, Péron, 1844, extrait de la *Revue de Rouen* de juin 1844, et *Bull. de la Soc. d'Émul. de Rouen*, année 1844.

(3) Henri Martin, *Hist. de France*, t. 1er; — le *Moniteur universel*, du 10 janvier 1859 et du 9 mars 1860.

développement. Une preuve que l'on pourrait citer entre mille de l'importance de l'industrie viticole de la Gaule à l'époque romaine, c'est que d'anciens auteurs attribuent à nos pères l'invention des tonneaux de bois pour renfermer leurs vins. (*Galli*) *circà Alpes vina ligneis vasis condunt circulisque cingunt*, dit Pline l'ancien (1). Ce qui confirme cette assertion de l'histoire, c'est une mosaïque qui représente, chargé sur un char, un tonneau de bois cerclé comme les nôtres.

Il paraît bien que la Gaule était riche en vignobles aux premiers siècles de l'ère chrétienne, puisque sous son règne Domitien les fit impitoyablement arracher. Le prétexte de cette cruelle exécution de l'industrie et de la culture, c'était la crainte de l'invasion des Barbares. On redoutait que les Germains ne fussent attirés vers la Seine, la Loire, le Rhône et la Garonne, par l'attrait du vin, toujours si grand chez les peuples primitifs (2).

D'après les historiens, cet état de choses aurait duré deux siècles, et ce serait l'empereur Probus qui aurait permis aux Gaulois, aux Bretons, aux Espagnols, aux Pannoniens et aux Illyriens de replanter leurs vignes et de fabriquer du vin. *Gallis omnibus et Hispanis et Britannis permisit ut vites haberent vinumque conficerent. Ipse Almam montem in Illirico, circà Sirmium, militari manu fossum, lectâ vite complevit* (3).

---

(1) Pline, *Hist. naturalis*, lib. XIV et XVI.

(2) Le *Moniteur universel*, du 10 janvier 1859. — *Revue numismatique*, nouvelle série, t. III, p. 435-36, année 1858.

(3) Flavius Vopiscus, dans le *Recueil des hist. des Gaules* de dom Bouquet, t. Iᵉʳ, p. 541. — « Vineas Gallos et Pannonios habere permisit, » dit Eutrope dans son *Histoire romaine*, c. IV, ib., id., p. 572. — « Probus Gallos et Pannonios vineas habere permisit, » dit Eusèbe dans la *Chronique*

A cette nouvelle, la joie fut grande dans les Gaules, et une monnaie commémorative de ce fait important, arrivée jusqu'à nous, semble témoigner de la reconnaissance des peuples pour cet insigne bienfait. Sur cette pièce, rencontrée à Toulouse, en 1858, on voit au revers d'une imagé de Probus une grappe de raisin accompagnée de ses deux feuilles(1). « Tout le monde sait, dit à ce propos M. Dauban, que Probus permit aux habitants de la Gaule, de la Bretagne et de l'Espagne d'avoir des vignes, et que pour utiliser les loisirs de ses soldats, il leur en fit planter sur les flancs des collines ; la médaille ajouterait donc un fait à l'histoire (2). »

La vigne reprit aisément racine dans les Gaules. Au IVe siècle de notre ère, les poètes nous montrent les fleuves de notre France coulant entre deux coteaux chargés de pampres et de raisins. C'est ainsi qu'Ausone nous peint la Moselle (3) et saint Paulin la Garonne. Julien lui-même nous parle de l'excellence des raisins qui poussaient aux environs de Paris (4).

Grégoire de Tours, l'héritier des historiens romains, a cru devoir nous conserver le souvenir des vignes que l'évêque Ethérius possédait autour de sa ville de Lisieux

citée par dom Bouquet, t. 1er. — « Probus Galliarum colles vinetis complevit, » ajoute Aurelius Victor dans sa *Vie des Empereurs*, et dans dom Bouquet, t. 1er, p. 567. — *Revue numismatique*, nouv. série, t. III, p. 435-36.

(1) *Revue numismatique*, nouvelle série, tome III, p. 435-36.

(2) Dauban, *Revue des Sociétés savantes*, 2e série, tome 1er, p. 429.

(3) *Amnis odorifero juga vitea consista Baccho.*

(4) « *Hiems ejus incolis terræ mitior est..... proptereà vites optimæ illic nascuntur..... quin etiam ficus* » Lettres de Julien, dans le *Recueil des Historiens des Gaules*, tome 1er, p. 729.

et dont il jugea convenable de se dépouiller en faveur de l'un de ses clercs (1).

Les agiographes nous montrent nos moines et nos solitaires du viie siècle plantant eux-mêmes les collines du pays de Caux (2). C'était à tel point que longtemps après la mort de ces pieux cénobites, les chroniqueurs francs admiraient encore l'œuvre de leurs mains sacrées (3). Mais ce fut surtout pendant la période nor-

---

(1) Grégoire de Tours parlant d'un clerc du Mans, récompensé par Ethérius, évêque de Lisieux, dit : « *Ei aliquid terræ vinearumque largitus fuisset,* » Greg. Tur., *Histoire ecclésiastique,* livre vi, chapitre 36, édit. Taranne, tome II, p. 478. C'est évidemment à ce passage que fait allusion M. De la Roque, dans un voyage en Basse-Normandie en septembre 1726, dont la relation a été insérée dans le *Mercure de France.* Voici ce passage : « On voyoit autrefois une autre espèce de curiosité auprès de Lisieux, je veux dire des vignes, chose rare et presque inutile en Normandie. Grégoire de Tours dit qu'Ethère, évêque de Lisieux, avoit des vignes dans le voisinage de cette ville : Dieu sçait, monsieur, quel vin c'étoit. Il y a encore de petits vignobles dans la paroisse d'Argences, auprès de Caen, dont le vin détestable confirme mes conjectures sur celui de Lisieux. » *Mercure de France,* juin 1727, p. 1346.

(2) « *Quodam enim tempore Ansbertus à climate meridiano distantem à præfato cœnobio passus ferè quingentos hortatu ejusdem viri Dei B. Wandregisilii vineam plantare et excolere cœpit.* » Vita S. Ansberti, apud Boll., c. 1.

(3) La Chronique de Fontenelle, écrite au viiie et au ixe siècle, dit en parlant des vignobles de saint Milon :

« *Monstrantur nunc usquè arbusta in latere montis ejusdem ac vitiferæ arbores quas ipse propriâ manu terræ inseruit necnon et plantæ seu vites quos ipse etiam plantavit et dùm philosopharet excoluit* » Chron. Fontan., c, iv, dans le *Spicilége* de 1787, t. III, p. 200. — La même *Chronique* dit ailleurs : » *A tribus enim plagis id est à septentrionali, occiduâ atque Australi montibus arduis ac frugiferis, Bacchique fertilissimis sylvisque est obsitum condensis.* » Id . c 1, n° 6. — Ibid , t. III, p. 190.

3

mande que cet enfant des saints porta ses fruits et se
développa parmi nous.

Au temps où de nombreux monastères prennent racine sur notre sol nivelé par les barbares, lorsque nos
vallées longtemps désertes se couvrent d'abbayes et de
prieurés, on voit partout tomber les forêts séculaires ;
des arbres fruitiers succèdent sur tous les points à ces
arbustes sauvages dont vivaient nos pères. De tous
côtés les ducs, les comtes, les barons donnent aux
moines des vignes plantées par eux et dont le cloître
seul nous a gardé le souvenir.

Déjà, dans un travail imprimé par la Société d'Emu-
lation, il y a juste vingt ans, j'ai montré par toute
la Normandie, mais surtout dans la Seine-Inférieure, la vigne couvrant autrefois le sol, traversant
les siècles et arrivant prospère et renommée jusqu'aux grands hivers des derniers temps et jusqu'aux
mesures fiscales, plus cruelles encore que la glace
des pôles. Aujourd'hui, je n'ai rien à désavouer de
ce que j'ai retracé dans ces pages. Au contraire,
depuis ce premier jalon, j'ai recueilli une foule de
faits isolés et peu connus qu'il me tarde de joindre
au faisceau que je vous ai déjà soumis. Ma ruche
était faite et elle avait pris corps ; j'ai pu, chaque
printemps, lui porter le suc de quelques fleurs nou-
velles ; c'est le fruit de ces vingt dernières années
que je demande la permission d'offrir à votre bien-
veillante appréciation.

Mais avant d'entrer en matière, je veux dire un
mot du travail de M. Delisle, le meilleur que l'on
ait fait sur cette question. M. Delisle, ainsi que
l'a fort bien dit un des plus savants antiquaires

de la Grande-Bretagne, « n'est le second de personne (1). »

Dans son excellente étude sur l'état de l'agriculture en Normandie au moyen-âge (2), ce brillant élève de notre école des Chartes donne les détails les plus intéressants sur la vigne, qu'il ne croit du reste avoir jamais prospéré dans notre province. Le savant auteur, en sa qualité d'enfant du Cotentin, énumère avec une complaisance marquée les titres de cette péninsule normande. Nous, enfant du Pays de Caux, nous connaissons mieux notre contrée et nous insisterons sur elle d'autant plus volontiers que notre compatriote semble n'y avoir pas songé.

M. Delisle, du reste, sait sur l'industrie vinicole une foule de particularités que nous ne connaîtrons jamais. Non-seulement il enregistre les donations de vignobles, mais encore le mode de culture, de vendange, de pressurage et de transport des vins. Rien ne lui échappe, tant est grande la connaissance intime qu'il possède du moyen-âge. Pour nous, hélas! c'est avec infiniment de regret qu'il nous faut renoncer à ces connaissances variées que l'on puise au sein des archives et au cœur des cartulaires, et que nous appellerons à bon droit de l'essence de Chartes.

Avec beaucoup de goût et de tact, M. Delisle partage la Normandie par bassins et distribue nos vignobles par vallées, ce qui nous paraît un excellent sys-

---

(1) M. Ch. Roach Smith, l'auteur des *Collectanea antiqua.*

(2) *Etude sur les conditions de la classe agricole et de l'état de l'agriculture en Normandie au moyen-âge,* in-8° de 758 pages, Evreux, Hérissey, 1851 (pages 419 à 470).

tème. Il commence par cette large vallée de la Seine
dont la partie élevée est encore aujourd'hui couronnée
de pampres et de raisins, mais il en cite beaucoup plus
sur la rive gauche que sur la rive droite..

Il descend ensuite les vallées de l'Epte et de l'Eure :
la première est aujourd'hui stérile, mais la seconde
garde encore à son berceau les vignobles de Nonancourt ; il en est peut-être de même de la vallée de l'Iton
Celles de la Rille, de la Touque et de la Dive sont veuves
de vignes, ainsi que les bords de l'Orne, du Couësnon
et de la Sée. Cependant dans.le bassin de la Dive, il
est un affluent nommé la Muence, qui voit encore
mûrir le raisin sur les coteaux d'Argences, le vignoble
le plus renommé du moyen-âge (1). Cette propriété
privilégiée de l'Abbaye de Fécamp est aujourd'hui le
seul point du Calvados qui livre encore des vins au
commerce et à la consommation.

Comme nous venons de le dire et de le montrer,
M. Delisle parcourt nos vallées en paléographe et une
charte à la main. Il nous montre, à l'échelle des âges, la
vigne naissant, fructifiant et mourant sur une terre que
quelques-uns de nos ancêtres déjà déclaraient hostile à
Bacchus : *Quia non est Bacchica tellus* (2). Pour nous,
nous contentant de notre modeste' rôle d'observa-
teur géographique et chronologique, nous parcour-
rons le pays un carnet à la main, et nous montrerons
tantôt sur le sol, tantôt dans la tradition, le passage

---

(1) « *Argentiæ vicus qui optimi vini ferax est,* » dit Guillaume de
Malmesbury, relatant la donation du duc Richard Ier, *De gestis Reg. Angl.*,
lib. II. — Voir aussi *Neustria pia*, p. 213. — *Normaniæ nova Chronica*,
p. 2 et 3. — Delisle, *Etudes sur la classe agricole*, p. 439-440.

(2) L. Delisle, *Etudes sur la classe agricole*, p. 479-480.

de la vigne dans un pays où le pommier domine et où le jus de la pomme a définitivement remplacé la boisson fermentée de nos pères.

Le premier et le plus pressant besoin qu'aient éprouvé ceux-ci du fruit de la vigne, ce fut pour la liturgie sacrée, sacrifice ou communion. Soit que le peuple communiât alors sous les deux espèces, soit qu'il se contentât des ablutions ultérieures (1), on consommait pour le service de l'autel une beaucoup plus grande quantité de vin qu'aujourd'hui. Au xvie siècle, la seule abbaye de Saint-Ouen de Rouen recevait annuellement, pour les besoins de l'hôtellerie, de l'église et de l'infirmerie, près de 400 tonneaux de vin (2). Aussi était-ce pour le service de la sacristie du grand monastère de Fécamp que Richard Ier avait donné le vignoble d'Argences, le plus riche de son duché. Jusqu'à la Révolution de 1789, cette vigne resta attachée à l'office du sacristain de l'abbaye aux trois-mîtres.

Ce fut aussi pour un motif semblable que Riculfe, archevêque de Rouen, au temps de Charles-le-Chauve, donna à sa cathédrale, (vers 872), cinq arpents de vigne, au lieu nommé *les Granges*, dans le Vexin français, et au bassin de l'Oise : « c'étoit, » dit le vieil historien de la métropole, « pour servir à la provision de de son église (3). »

Ce fut probablement dans la même intention qu'une

(1) Dans les comptes des fabriques de la ville de Rouen et du diocèse aux xvie et xviie siècles, on voit figurer trois ou quatre fois par an *le vin à communier*. Cette dépense provient de la coutume d'offrir aux fidèles un peu de vin non consacré après la communion.

(2) Delisle, *Etudes sur la classe agricole*, p. 451.

(3) Pommeraye, *Histoire de l'église cathédrale de Rouen*, p. 560.

grande dame du XIIIe siècle, nommée Adèle, céda aux moines de Saint-Ouen la vigne de Saint-Vivien, que nous supposons avoir été plantée dans un faubourg de Rouen (1).

Déjà à la fin du XIIe siècle, en fondant la poétique abbaye de Bonport, Richard-Cœur-de-Lion, le héros le plus légendaire du moyen-âge, avait donné au naissant monastère les vignes et les vins du Vaudreuil : *Omnes vineas et vina quas habebam in valle Rodolii* (2).

Puisque nous avons trouvé dans la liturgie une des sources de l'histoire pour l'élément qui nous occupe, continuons à suivre la voie qui nous est ouverte. Puisons à cette veine inconnue des arguments d'autant plus frappants qu'ils sont plus démonstratifs et plus inattendus.

Déjà nous avons dit qu'à la Cathédrale de Rouen et dans le diocèse, la bénédiction du vin nouveau se faisait tous les dimanches avant la grand' messe, à partir du 14 septembre de chaque année; nous avons ajouté même qu'au XIIIe siècle, dans le centre de la France, on avait l'habitude de se servir de vin nouveau le 6 août, jour de la Transfiguration du Sauveur.

Afin de prouver l'abondance des vignobles, nous avons montré les bénédictions dont ils étaient l'objet, les prières et les exorcismes qui les concernaient, lorsqu'ils étaient frappés par des fléaux célestes ou terrestres. Un rituel manuscrit de Jumiéges, rédigé au XIe

---

(1) Delisle, *Etudes*, etc., p. 429. — Leroy, *Histoire de la commune de Montérollier*, p. 49. — Au faubourg Saint-Hilaire existe encore la *côte de la Vigne*.

(2) *Neustria pia*, p. 896. — *Gallia christ.*, t. XI, instrum., p. 137. — Delisle, *Etudes*, etc., p. 433.

siècle, range parmi les bénédictions habituelles de ce temps la bénédiction du raisin et du vin : *Benedictio uvœ, benedictio vini.*

Mais voici une coutume plus touchante qui dure encore, quoique la récolte du vin ait cessé ; c'est un pieux souvenir qui a survécu à l'acte qu'il était destiné à sanctifier.

Sur les bords de la Moselle, où, depuis Ausone et Probus, on recueille de si admirables raisins, c'est une vieille habitude de placer une grappe de raisin mûr à la main de saint Laurent, dans toutes les églises qui lui sont dédiées. On sait que la fête de saint Laurent, diacre, se célèbre toujours le 10 août de chaque année. En 1857 encore, cette cérémonie a été généralement pratiquée dans les villages rhénans. En 1824 et en 1846, on avait même mis à la main du saint une bouteille de vin nouveau. En 1811, année très chaude, on avait été jusqu'à déposer aux pieds de l'image un petit tonneau de vin frais (1).

C'est évidemment à un débris de coutume semblable qu'obéissent les habitants de Blangy-sur-Bresle lorsque, chaque année, le jour de l'Assomption, ils mettent à la main de l'Enfant-Jésus une grappe de raisin nouveau. C'est un reste des offrandes que faisaient en ces jours les anciens vignerons de la Bresle.

Cette pieuse coutume n'était point spéciale à la Normandie pas plus que la culture elle-même. La Picardie, province voisine, possédait aussi l'une et l'autre. Dans les *Ephémérides pohières* que M. le doyen de Poix a mises au jour, il y a quelques années, on voit que le

(1) L'*Univers* du 29 juillet 1857, d'après la *Gazette de Cologne.*

14 août de chaque année, c'est un antique usage de sa
paroisse de placer dans les mains de la Sainte-Vierge
une grappe de raisin qu'elle promène avec elle à la
procession. « Cette vieille coutume, dit avec raison le
savant pasteur, vient probablement du temps où l'on
cultivait la vigne en Picardie et où l'on offrait ce tribut
comme prémices des vendanges. Dans chaque territoire
du canton de Poix, quelques coteaux exposés au levant
sont appelés *les Vignes* (1). »

A présent, sortons de l'église et de la sacristie : en-
trons dans le comptoir du marchand et dans les bu-
reaux du fisc. Consultons sur place les registres des
agents royaux, féodaux et municipaux : partout nous
recevrons une réponse analogue.

Dans les comptes de la ville de Douai, dit un anti-
quaire flamand, on voit qu'à la fin du xv⁰ siècle on
cultivait encore des vignes dans l'intérieur de cette
ville (2).

« A cette époque, dit M. de Beaurepaire, on expé-
diait du port de Jumiéges les vins de Conihout (2), qui
trouvaient du débit en Angleterre et en Flandre. En
l'année 1407, qui fut appelée l'année des *grandes gelées*,
cinquante-deux nefs chargées de harengs, de vin doux
et autres denrées destinées à être vendues de l'autre
côté de la Seine, furent arrêtées par la glace dans la
Fosse de Leure. Le carême approchait et les marchands
pouvaient craindre de manquer l'occasion favorable.

(1) *Bulletin de la Soc. des Antiq. de Picardie*, année 1856, 3ᵉ liv.,
p. 23.

(2) *Revue des races latines*, 4ᵉ année, 54ᵉ livraison, décembre 1860,
p. 653.

Les marchandises furent donc transportées par terre :
les charriots traversèrent la Seine sur la glace au port
de Jumiéges (1). »

« Au xvie siècle, continue le même auteur, d'après
le *Coutumier* de Rouen dressé sur un plus ancien, il
résulte que les vins de Freneuse et de Conihout, ne
payaient aucun droit de muéson et de choix à la
vicomté de Rouen (2). »

« A Oissel, dit-il ailleurs, la culture de la vigne
était florissante à une époque reculée. On n'y a re-
noncé qu'au xviie, siècle. Une charte de 1261 men-
tionne, dans cette localité illustrée par un manoir du
Roi, le vignoble de Fécamp, autrefois à *Vincent d'Olli*,
ceux de Jean Commin et Pierre Letavernier. Les dernières pancartes de la Vicomté de l'Eau de Rouen
mentionnent encore le vin d'Oissel (3). »

Un aveu de Madame Anne d'Alençon, marquise
de Montferrat, dame de Cany-Caniel, rendu le 1er octobre 1542, indique dans le dénombrement de cette
dernière terre les « afféraiges de vins vendus par
les détenteurs d'icelle chastellenye, avec le gallon-
naige qui est pour chacun muid où poinçon de vin,
ung gallon de vin (4). »

Les anciens registres de compte nous apprennent
que l'on faisait du vert-jus avec les grappes des vignes
de Déville et des jardins de Rouen. Ceux de l'abbaye

---

(1) De Beaurepaire, *De la Vicomté de l'eau de Rouen*, p. 28-29.

(2) De Beaurepaire, *De la Vicomté de l'eau de Rouen*, p. 24.

(3) De Beaurepaire, *Notes et Documents concernant l'état des Campagnes*, p 110.

(4) Leroy, *Histoire de la commune de Montérollier*, p. 53.

de Saint-Wandrille, pour les années 1513-1515, vont jusqu'à nous donner la recette et le prix de facture de cette boisson populaire.

Ainsi, le 9 septembre, on paye « 2 sous 6 deniers à « deux hommes qui cueilloient les grappes de la vigne « de Rouen où il y eust deux barils de vert jus. » On donne deux sous « pour leurs despens et pour ceulx « qui leur aiderent à cueillir et à le faire et porter au « pressouer. La fachon du dit vert jus coutait 6ˢ 8ᴅ « pour ceulx à qui est le pressouer pour le piller et « faire le marc et le tirer.» On ajoutait 2 sous à ung « brouettier pour porter les grappes et rapporter le dit « vert jus. » Enfin, on donnait 13 deniers « pour sel à « le saller (1). » On voit qu'il ne tient qu'à nous de ressusciter le vert-jus de nos pères ; il aurait aujourd'hui peu de succès.

Mais ce sont nos excursions archéologiques qui nous ont fourni le plus grand nombre d'arguments en faveur de notre thèse. Nous prions le lecteur de nous suivre dans nos courses à travers le département : nous espérons que le charme du voyage l'empêchera d'en sentir la fatigue.

Les bords enchanteurs de la Seine présentent à chaque pas des coteaux et des champs où le souvenir des vignobles s'est perpétué. A Caudebec-lès-Elbeuf, cette vieille ville romaine, le quartier le plus fécond en ruines porte le nom de *Vignette* (2). Chose étonnante, les

(1) De Beaurepaire, *Notes et Documents*, p. 109-110.

(2) *Sépult. gaul., rom., franques et normandes*, p. 99-100. — *La Seine-Inf. hist. et archéol.*, 1ʳᵉ édit., p. 400; 2ᵉ édit., p. 219.

vignes ont presque toujours recouvert les cités et les villas antiques. On en a la preuve, en Normandie, dans la forêt de Brotonne et à Tour en Bessin (1). Pour le reste de la France, nous pouvons citer Lanuejols, dans la Lozère (2), Châteaubleau, dans Seine-et-Marne (3), et jusqu'aux anciennes Arènes de Paris (4).

Rapprochement assez frappant ! à Caudebec-en-Caux, le *Lotum* des Itinéraires, la colline où fut autrefois le cimetière romain porte aussi le nom de *côte de la Vignette.*

Nous avons dit que les monastères aimaient les vignes. Elles leur étaient si nécessaires, que moines blancs ou noirs établirent des vignobles jusqu'au dedans de l'enceinte monastique. C'est ainsi que le cadastre moderne et la tradition ont conservé le nom de *Vignes* aux jardins du Valasse et de Jumiéges (5).

Les vignes, du reste, semblent n'avoir pas voulu quitter les rivages fortunés de la Seine. A Villequier, sur le coteau qui domine l'église, est un bois tout rem-

(1) A Tour, près Bayeux, dans l'herbage nommé *la Vignette*, on a trouvé, en 1862, des ruines romaines et des tombeaux. Villers, *Revue des Soc. savantes*, 3ᵉ série, t. Iᵉʳ, p. 167-168.

(2) A Lanuejols, lieu tout romain, on voit un aqueduc antique au lieu dit *del Vignol. Congrès Archéologique de France*, séances générales de 1857, p. 118

(3) A Châteaubleau, près Nangis, un édifice antique, qui fut peut-être un théâtre, est appelé *le château de la Vigne.* Bourquelot, *Bulletin de la Soc. Impériale des Antiq. de France*, de 1858, 4ᵉ trimestre, p. 158.

(4) Dans un acte de 1307 on lit : « *Tria quarteria vineœ juxtà muros villœ Parisiensis, in loco qui dicitur ad Arainas.* » *Bulletin de la Société des Antiq. de France*, année 1858, 4ᵉ trimestre, p. 167.

(5) Deshayes, *Hist. de l'abbaye royale de Jumiéges*, p. 10. — Canel, *Blason populaire de la Normandie*, t. Iᵉʳ, p. 129.

pli de vignes sauvages. Le 12 juin 1850, je les ai vues en fleurs et promettant des fruits. Quels fruits peuvent donner ces pampres rustiques? Nous pourrons peut-être l'apprendre. A Quevillon, dans le bois de Belestre, je tiens de M. Leprevost qu'*au triège de Bellevue* tout un plant de vignes existe encore sous le taillis. Ce plant fleurit tous les neuf ans, après la coupe du bois. Les fruits en ont été cueillis par M. Leprevost lui-même, qui les a soumis à l'examen de M. Arago. Le savant académicien y a reconnu l'espèce du *petit raisin gris*, qui se cultive encore aux environs de Vernon.

M. Curmer, qui possède une propriété à Saint-Georges-de-Bocherville, conserve dans ses archives le bail d'un vigneron passé pour un vignoble normand.

Les riants coteaux d'Hénouville, qui couronnent la vallée de la Seine, ont encore vu, au xviiᵉ siècle, leurs sommets fraîchement plantés de vignobles par l'abbé Antoine Legendre, l'ami du grand Corneille et l'intendant des jardins de Louis XIII. Cet horticulteur éminent, qui inventa l'espalier, qui nous a donné tout un Traité sur les arbres fruitiers, avait planté la lisière de la forêt de Roumare et établi un vignoble à peu de distance de son vieux presbytère d'Hénouville, sur un terrain concédé par le Roi lui-même (1). On montre encore aujourd'hui le bosquet étagé qui perpétue le nom de l'abbé Legendre, digne et véritable souvenir d'un Lenôtre champêtre.

Les grottes de *Caumont* et les carrières du *Val-des-Leux* retentirent autrefois du chant des vendangeurs. Sur les collines qui côtoient le fleuve on voit des li-

(1) De Beaurepaire, *Notes et Documents*, p. 107.

gnes de pierre que l'on croit provenir d'anciens vignobles. Pour le prouver, on cite au *Val-des-Leux* une *côte
de la Vigne.*

A travers les prairies du pays de Caux les vignobles
sont nuls ; mais dans ces gracieux vallons qui décou-
pent nos vastes plaines on trouve çà et là des côtes
et des champs *de la Vigne.*

A la source de la Durdent, sur des coteaux aujour-
d'hui couronnés de hêtres, on m'a montré, en 1849,
au territoire de Saint-Requier-d'Héricourt, une côte
exposée au midi, que l'on nomme encore *la côte de la
Vigne.* A Saint-Martin-Osmonville, là où la Varenne
commence à serpenter dans sa vallée forestière, on cite
le bois de la Vignette (1). Il en est de même à Graval, à
la naissance de l'Eaulne. Dans la ferme qu'occupait
naguère M. Desquinemare est *le bois de la Vigne*, reste
de vignobles disparus (2).

Dans le bassin de l'Yère, où prospère aujourd'hui le
houblon, si capricieux dans sa culture, on vit jadis s'é-
lancer des vignes. Le vin bouillonnait là où écume
à présent la moderne cervoise. Foucarmont, si connu
par sa bière, montre dans l'enceinte du bourg la *rue* et
le ruisseau de la Vigne, serpentant sur une terre formée
avec la poussière des siècles. A Cuverville-sur-Yère
est *la sente des Vignes*, qui se dirigeait vers Longroy,
où tout à l'heure nous retrouverons des vignobles.

Mais ce qui a droit de surprendre, c'est que dans la
vallée de la Bresle, la plus septentrionale de ce départe-

(1) Leroy, *Histoire de la commune de Montérollier*, p. 56.
* (2) L'abbé Decorde, *Un coin de la Normandie*, dans la *Revue de
Rouen*, d'octobre 1846.

ment, nous recueillions le plus de traces vivantes du passage de la vigne. On dirait que le voisinage de la forêt
d'Eu a été favorable à la production du vin. A la vue de
toutes ces preuves monumentales, on serait tenté de
croire que le nom de Vinevaulx, que porte cette forêt
dans les romans de chevalerie du XIIIe siècle, lui vient de
ses vignobles et de ses vallons (1).

A Guerville, au hameau de la Babost, sur le penchant
de la côte de Bazinval, on montre encore le *clos de la
Vigne*. Un octogénaire, décédé en 1823, assurait même
avoir goûté du vin du crû. A Pierrecourt, est le *hameau de la Vigne*. A Longroy, on trouve la *côte-rôtie*,
qui paraît à M. Darsy un nouvel indice de la culture de
la vigne dans nos cantons (2). Dans ce même village on
nous a montré un sentier qui se dirige vers Guerville et
que l'on nomme le *sentier des Vignes*.

Ainsi que nous l'avons déjà dit en parlant de Poix, la
vigne a été cultivée en Picardie. A Gamaches, est la
rue de la Vignette, et, en 1859, M. Darsy, notaire dans
ce bourg, exposant à la Société des Antiquaires de
Picardie le fruit de ses études sur les communes de ce
canton, faisait remarquer que dans les anciennes archives des mairies on parle de la taxe du pain, de la
bière et du vin. Puis il ajoute : « Remarquons en pas-
sant que le vin y figure pour une grande part ; ce qui,
joint à la dénomination d'un certain nombre de lieux,
semble indiquer que la vigne fut longtemps cultivée

(1) *Mélanges tirés d'une grande bibliothèque*, t. II, p. 207-222. — *La
Seine-Inf. hist. et archéol.*, p. 367.

(2) Darsy, *Description archéologique et historique du canton de
Gamaches*, dans le t. X des *Mémoires de la Société des Antiquaires
de Picardie*, p. 387.

dans notre Picardie, avec plus ou ou moins de succès (1). »

La vigne avait franchi bien au-delà de la Picardie et de l'Artois; elle avait pénétré jusque dans la Flandre et la Belgique : « Le nom de plusieurs de nos villages flamands, dit un correspondant de la *Revue des Races latines*, tels que Préavin, Roisin, Halluin (salle au vin); l'expression de *pot de vin* conservée dans les baux, une presse au vin trouvée à Tournay, tout cela n'est-il pas l'indice que la vigne fut longtemps cultivée dans ce pays? » « Raconterai-je, disait Gervais, archevêque de Reims, en parlant de l'état florissant de la Flandre sous Beaudouin le Pieux, au xie siècle, raconterai-je que ces peuples te doivent le don du vin, qui leur était inconnu? Afin que rien ne manquât aux habitants de tes provinces, tu parvins à apprendre aux laboureurs à cultiver la vigne (2). »

Nous avons même deux traités complets du savant et regrettable M. Schayes, de Bruxelles. Dans ces deux travaux, publiés à dix ans de distance, l'auteur prouve surabondamment que la vigne était cultivée dans toute l'ancienne Belgique, aussi bien sur l'Escaut que sur la Meuse (3). Aujourd'hui on le démontre également pour la Grande-Bretagne, qui, du reste, est renfermée dans

(1) Darsy, *Mémoires de la Société des Antiquaires de Picardie*, t. XV, p. 184. — Bulletin de la même Société, année 1857, n° 1er, p. 295.

(2) *Revue des Races latines*, 4e année, 54e livraison, décembre 1860, p 653.

(3) Schayes, *Sur la Culture de la Vigne en Belgique*, dans le *Messager des Sciences et Arts de Belgique*, année 1833. — Id. *Sur l'ancienne Culture de la Vigne en Belgique*, 2e article. Ibid , année 1843.

l'édit de tolérance de Probus. Les archéologues arrivent à prouver par leurs découvertes les assertions des historiens romains et des chroniqueurs du moyen-âge (1).

Il nous resterait un mot à dire sur la manière dont la vigne était traitée chez nos pères. Il paraît bien que nos contrées ne la cultivaient pas en échalas, mais en *hautains*, comme cela se fait encore aujourd'hui dans la Sicile, la Pouille et les environs de Naples. Expliquons ce procédé : dans la Pouille, il consiste à planter des peupliers en quinconces, sur lesquels grimpe la vigne, pour s'élancer ensuite d'un arbre à l'autre, les enlaçant ainsi de ses pampres et formant d'immenses berceaux. Ces berceaux s'étendent à perte de vue. Sous eux, les agriculteurs récoltent des légumes des différentes saisons (2). Ce mode de culture est bien ancien en Italie : il était connu des Romains, et c'est de lui qu'Horace dit dans ses Odes :

> « Ergo, aut adulta vitium propagine
> Altas maritat populos, etc, (3). »
> « Aut vitem viduas ducit ad arbores (4). »

Il se passait quelque chose de semblable dans l'ancien pays de Caux, au rapport du curé de Menneval, témoin oculaire des faits qu'il raconte. Parlant de la vigne en Normandie, au temps de Louis XIII, Gabriel Dumoulin s'exprime en ces termes : « Dans les cantons orientaux

---

(1) Roach Smith. *The archæology of horticulture* dans les *Collectanea antiqua*, vol. VI, part. 11, p. 81-109.

(2) *Le Moniteur Universel* du 15 février 1855.

(3) *Horatius*, Epod., Od. 2.

(4) *Id.* Od. 5, lib. IV.

de cette province, comme à Vernon, Pacy, Evreux et Ménilles, se font de bons vins, et principalement aux années chaudes et sèches, et passeroient bien pour du meilleur françois. Pour les vins qui croissent près d'Argences et à quelques lieues vers Avranches, ils sont si verds qu'on leur préfère le *collinhou* que les Cauchois tirent des vignes attachées à leurs arbres, puisque le proverbe des anciens disoit :

> « Le vin trenche-boyau d'Avranches,
> Et le romp-ceinture de Laval
> A mandé à Renaud d'Argences
> Qui collinhou aura le gal (1). »

Ce passage d'un auteur qui écrivait au commencement du XVIIe siècle semble nous laisser entendre que la vigne était généralement cultivée dans la Haute-Normandie, quoique avec un inégal succès.

Un grave historien de nos jours a rencontré aussi cette culture dans des recherches qui paraissent bien étrangères à notre sujet. M. Floquet, nous racontant dans un ouvrage devenu célèbre les péripéties du Parlement en Normandie, qui était mêlé à tous les intérêts de la province, nous le montre contrôlant les impôts exagérés dont on chargeait l'industrie viticole. Ces entraves fiscales étaient telles, que la victime dut périr sous leurs étreintes. C'est du moins l'opinion du savant historien à qui nous sommes heureux de laisser un moment la parole.

« Le fisc, préludant sous ce règne aux innombrables

---

(1) Gab. Dumoulin, *Description historique générale de Normandie*, p. 7, in-folio, 1631.

4

« et ruineuses inventions du règne de Louis XV, im-
« posait tout ce qui pouvait être imposé, même ce qui
« aurait semblé ne le devoir être jamais ; ruinant par là
« diverses branches de commerce, florissantes jusqu'à
« cette époque, mais qui bientôt ou languirent ou pé-
« rirent, et dont même, à la fin, on ne sut plus le nom.
« Alors, par exemple, fut porté, en Normandie, un
« coup mortel à la culture de la vigne, culture depuis
« longtemps active dans notre province, malgré la
« froideur et l'humidité de la température, au point
« que, dans une déclaration du 2 mars 1511, Louis XII
« se félicitait « de ce qu'en Normandie il voit, de
« présent, plus grande foison et abondance de vins
« qu'auparavant, à cause que plusieurs gens dudit
« pays s'y estoient appliquez (1). » Même la nécessité
« de laisser aux Normands « le temps de faire bien leurs
« vendanges et négociations à ce requises » fut un des
« motifs qui firent reculer aux derniers jours d'août,
« pour finir à la Saint-Martin, les vacances du Parle-
« ment, dont l'édit de 1499 avait fixé l'ouverture en
« juillet et la fin aux premiers jours d'octobre (2).
« Le vin normand étant médiocre et se vendant à bas
« prix, fallait-il le grever de taxes immodérées qui, ne
« l'amendant pas, ne pouvaient que détourner les ache-
« teurs d'en demander et les vignerons de se livrer,
« sans profit, à une coûteuse, ingrate et pénible culture ?
« Sous Louis XIII donc, furent arrachés en Normandie
« des vignes sans nombre, « les vignerons ne faisant

(1) Edit de Louis XII sur les vacances du Parlement de Normandie
2 mars 1511.

(2) Edit d'érection de l'échiquier perpétuel, avril 1499.

« par leurs frais, à cause du grand nombre des imposts
« qu'il falloit qu'ils payassent pour leur vin (1), » de
« celui entre autres de l'*écu par tonneau de mer*. La
« *Muse normande*, miroir aussi fidèle que bien des his-
« toires du temps, où furent écrits les *chants royaux*,
« dont elle est remplie, nous montre les vignerons de
« Vernon et de tout le pays d'alentour rebutés de
« l'impôt de l'*écu par tonneau*, déplorant leur gain ré-
« duit à *un franc* ou *deux*; disant *adieu à leurs paniers*
« *et serpettes*, et abattant leurs échalas. A cet impôt
« d'autres vinrent bientôt se joindre; le poète montre
« les villageois arrachant leurs vignes et jetant leurs
« paniers, hottes, serpes et corbeilles, « puisque l'im-
« post en a le *meilleur lot*. » Je *sois pendu*, s'écriaient-ils
« pleins de rage, si je vais plus retaillant ton bran-
« chage; » et alors enfin on vit « les costes à vignes
« changées en jaquière (2).

   « Le Pesant de Bois-Guilbert, soixante ans plus
« tard (3), remarque cette décadence, en Normandie, de
« la culture de la vigne, et en trouve aussi la cause dans
« l'excès des impôts dont on a grevé ses produits (4). »

   Nous terminons ici notre œuvre de résurrection et
de vie. Nous avons essayé de tirer de la nuit du tombeau cet autre Lazare. Nous espérons l'avoir montré
plein de force et de vigueur aux siècles moyens de notre histoire, à cette époque mystérieuse et cachée où la
culture défrichait notre sol et où l'architecture couvrait
notre terre d'un blanc manteau de châteaux et d'églises.

(1) *Muse normande*, p. 92 et 156.
(2) *Muse normande*, p. 92 et 156.
(3) *Le Détail de la France sous le règne présent* (année 1707), p. 52, 53.
(4) Floquet, *Histoire du Parlement de Normandie*, tom. IV, p. 478-480.

Partout nous avons fait voir une coutume, un nom, un écrit, restés là pour indiquer la marche de cette fille de Noë à travers les âges écoulés. Chacune de nos collines semble avoir gardé une pierre d'un tombeau déjà deux ou trois fois séculaire.

Nous laissons au lecteur le soin de choisir parmi les meurtriers du Bacchus normand celui auquel il jugera convenable de donner la préférence. Pour l'un ce sera la main avide du fisc, pour l'autre la dureté presque fabuleuse des hivers de 1684 et de 1709. Quelques-uns allègueront le refroidissement progressif du sol ou de la température, d'autres enfin le déboisement des plaines et la destruction des forêts.

Il y en aura peut-être qui, avec le peuple, invoqueront les fléaux du ciel : ils auront recours à ces nuées de sauterelles et d'oiseaux sauvages, véritables plaies d'Egypte au petit pied, dont nos légendes, nos traditions et jusqu'à nos monuments, ont gardé le souvenir.

Mais nous croyons que le plus grand nombre s'en prendra au développement du commerce et à la grande facilité des moyens de transport, au rapprochement des provinces par la création des routes et des canaux, à la liberté des fleuves et des rivières, et surtout à l'abaissement des barrières nationales par la suppression des montagnes et des océans.

Pour nous, quelle que soit la version que l'on suive, il nous suffira d'avoir fait apparaître la vigne sur nos anciens coteaux et de pouvoir dire avec le poète, en montrant les traces de son bienfaisant passage :

« C'était là qu'elle n'est plus. »

Rouen — Imp. H. Boissel.